康小智图说系列·影响世界的中国传承

征服世界的中国美食

陈长海 编著 海润阳光 绘

山东人民出版社·济南

国家一级出版社 全国百佳图书出版单位

图书在版编目（CIP）数据

征服世界的中国美食／陈长海编著；海润阳光绘 .--
济南：山东人民出版社，2022.6
（康小智图说系列 . 影响世界的中国传承）
ISBN 978-7-209-13768-3

Ⅰ.①征… Ⅱ.①陈… ②海… Ⅲ.①饮食－文化－
中国－儿童读物 Ⅳ.① TS971.202-49

中国版本图书馆 CIP 数据核字（2022）第 062586 号

责任编辑：郑安琪　魏德鹏

征服世界的中国美食
ZHENGFU SHIJIE DE ZHONGGUO MEISHI

陈长海　编著　海润阳光　绘

主管单位	山东出版传媒股份有限公司	规　格	16 开（210mm×285mm）
出版发行	山东人民出版社	印　张	2
出版人	胡长青	字　数	25 千字
社　址	济南市市中区舜耕路 517 号	版　次	2022 年 6 月第 1 版
邮　编	250003	印　次	2022 年 6 月第 1 次
电　话	总编室（0531）82098914	印　数	1-13000
	市场部（0531）82098027	ISBN 978-7-209-13768-3	
网　址	http://www.sd-book.com.cn	定　价	29.80 元
印　装	莱芜市新华印刷有限公司	经　销	新华书店

如有印装质量问题，请与出版社总编室联系调换。

序

　　亲爱的小读者，我们中国不仅是世界四大文明古国之一，更是古老文明不曾中断的唯一国家。中华文明源远流长、博大精深，是中华民族独特的精神标识，为人类文明作出了巨大贡献，提供了强劲的发展动力。我们的"四大发明"造纸术、印刷术、火药和指南针，改变了整个世界的面貌，不论在文化上、军事上、航海上，还是其他方面。如果没有"四大发明"，人类文明的脚步不知道会放慢多少！

　　"四大发明"只是中华民族千千万万发明创造的代表，中国丝绸、中国瓷器、中国美食、中国功夫……从古至今，也一直备受推崇。尤其值得我们自豪的是，这些古老的发明，问世之后，不仅造福中国人，也造福全人类；不仅千百年来传承不断，还一直在发展和创新。以丝绸为例，我们的先人在远古时期就注意到了蚕这样一只小小的昆虫，进而发明了丝绸。几千年来，丝绸织造工艺不断提升，陆上丝绸之路、海上丝绸之路不断开辟，丝绸成为全人类的宝贵财富。如今，蚕丝在医疗、食品、环境保护等各个领域都得到了广泛的应用，受到了人们的高度重视和期待。事实说明，中华民族不但善于发明创造，也善于传承创新。

　　亲爱的小读者！本套丛书，言简意赅，图文并茂，你在阅读中，一定可以感受到中国发明的来之不易和一代代能工巧匠的聪明智慧，发现蕴含其中的思想、文化和审美风范，从而对中华民族讲仁爱、重民本、守诚信、崇正义、尚和合、求大同的民族性格和"天下兴亡，匹夫有责"的爱国主义精神产生崇高的敬意和高度认同，增强做中国人的志气、骨气和底气。读完这套书，你会由衷地感叹：作为中国人，我倍感自豪！

侯仰军

2022 年 6 月 1 日

（侯仰军，历史学博士，中国民间文艺家协会分党组成员、副秘书长、编审）

从原始社会走来的美食文化

中国有句俗语叫"民以食为天"，可见饮食的重要性。从茹毛饮血的蛮荒时代到科学健康饮食的今天，人类走过了一段艰难漫长的历程，也因此形成了独具中国特色的美食文化。

原始社会时期，我们的祖先每天主要靠采集植物的根茎、叶子和果实来填饱肚子。

随着气候变化，森林面积减少，人们可获取的食物也随之减少。为了不饿肚子，人类开始捕猎动物。

那个时候人们还不知道用火，所以只能生吃动物的肉。这对吃惯素食的人类来说，并不是一种享受。

森林里的天然火时有发生，在烈焰吞噬的森林中，有一些烧死的野兽和烤熟的果子，人们偶然间尝了这些"熟食"，从此开始了烧烤食物的试验，不知不觉间将烹饪发明了出来。

后来，人们发明了钻木取火和保存火种的方法，烹饪熟食也变得越来越方便。

在石板下生火加热石板，再利用石板煎烤食物。这和我们现代铁板烧的原理一样呢。

易于被人体消化吸收的熟食使人类的体力和脑力得到飞速提升，人们能抓捕到的动物也越来越多，他们把吃不完的动物驯养起来，还建起了"养殖场"。

最初的熟食非常简单，烹饪方式主要是烧烤或是石板烧。随着时代的发展，人们发明了陶器。有了陶器，人们可以把谷物放在其中炊煮。

夏商周时期，人类处于奴隶制社会，出现了等级制度，有了贵族阶级。

当时，财富集中在贵族手中，就连饮食也有等级制度。一般百姓只能用普通的陶器做炊器，而贵族则用上了青铜器，他们的食器多为鼎和簋（guǐ）。天子吃饭要用九鼎八簋，这是当时最高的规格。

春秋战国时期，牛耕和铁制农具的使用，促进了种植业的发展，粮食作物的产量也不断提高。

西汉时期，张骞出使西域，从西域带回了许多当时很罕见的食物，比如核桃、葡萄、石榴等。

张骞

到**魏晋南北朝**时期，随着农业和畜牧业的发展，各种粮食、蔬菜和肉类都比较齐全了。然而，牛作为当时农业的主要劳动力是受法律保护的，随意宰杀牛是犯法的行为。

给我来一盘牛肉。

客官，您小声点，别让人听见了，吃牛肉可是要杀头的，我们店今天刚上的鸡肉味道不错，要不然您来一盘鸡肉吧！

隋唐时期，海陆两条丝绸之路使更多的外国食材"走"上了中国人的餐桌。而为追求新奇，一些人甚至用蚂蚁卵、蝗虫等奇怪的东西来制作菜肴。

刚炸的蝗虫要不要来一盘？

你们店最近有没有什么新鲜玩意儿？

宋朝的街道上，大酒楼、大排档、小饭馆比比皆是。"脚店"指一般规模的酒楼，"正店"则是高级酒楼。

客官，我们店里的调味料都是从外邦花大价钱买来的。您瞧，那就是专门运送香料胡椒的船。

北宋时期，餐饮业蓬勃发展。为了追求新口味，也为了吸引食客，商家会从东南亚地区进口调味料。

清军入关，形成满汉饮食大交流，"满汉全席"就是在这样的历史背景下出现的。它的特点是筵宴规模大、进餐程序复杂，所用的食材珍贵，菜品丰富，烹饪方式兼具满汉特色。

请各位爱卿好好享用，以后满族和汉族就是一家人。

民国时期，中外文化交流增多，西餐也进入中国，成为一种时髦。

满汉全席的全宴包括红白烧烤、冷热菜肴、点心蜜饯、瓜果茶酒等，共有108道菜肴。

到了现代，人们开始关注科学饮食，"吃得健康"成为人们新的追求。

盐

牛奶

中国饮食文化的特点

中国幅员辽阔，不同地区的地理环境、自然气候、物产各具特色，各地人民的生活方式和风俗习惯也存在很多差异，慢慢地就形成了当地的饮食特色和饮食文化。

西北酸

　　西北地区的土壤含钙量高，过多的钙沉积在体内会使人易患结石病，而多吃酸的食物有助于预防结石病的发生。因此，西北人也形成了爱吃酸的口味。

西南辣

　　西南地区多山，气候潮湿，吃辣可以祛除体内的湿气。因此，西南地区人民多爱吃辣。

北 咸

北方冬天气候寒冷，没有新鲜的蔬菜可食用。于是，人们在入冬前用盐腌制蔬菜，以延长蔬菜的保质期。久而久之，北方人养成了爱吃咸的习惯。

南 甜

南方气候炎热，盛产可制糖的甘蔗，糖便成了当地百姓餐桌上重要的调味品。长此以往，甜味就成为南方人的最爱。

我国不同地区的地形和气候差异很大，不同地域的人口味也各不相同，经过长期的演变，就逐渐形成了"南甜北咸，西南辣，西北酸"的口味特点。

11

四季有别

　　中国古人认为饮食要顺应四季的气候变化，才能使人体保持健康。所以，在不同季节，中国人都"安排"了该季节的"时令食物"。

这食物做得太漂亮了，我都不忍心吃它了。

讲究美感

中国饮食追求"色香味俱全"，不仅要求菜品口味好，还要让人赏心悦目。

注重情趣

中国文化博大精深，这一点在饮食上也体现得淋漓尽致。很多中国菜品名称背后都有一段故事，比如过桥米线，传说古代一位女子给在岛上读书备考的丈夫送米线，每次送米线都要经过一座桥，"过桥米线"因此得名。

医食结合

中国人认为"药食同源"，有些食材同时也是药材，具有养生的作用。

山药、枸杞……这个处方怎么感觉像是一个食物清单啊？

按这个处方去抓药，吃上两副药，你的病就好了。

中国八大菜系

"一方水土养一方人"，中国多样的地理环境和各异的风俗习惯使各地均形成了自己的传统和特色。由于历史的发展与积累，逐渐形成了不同的菜系。目前中国主要有鲁、川、粤、闽、苏、浙、湘、徽八大菜系。

鲁菜

鲁菜的历史最悠久，其选料考究，刀工精细，烹饪以爆、炒、炸为主，具有鲜咸适度、清爽脆嫩的特色。代表菜九转大肠，具有鲜香味美、肥而不腻的特点。

鲁菜就像是一位憨厚稳重的老大哥。

川菜就像是一个泼辣俏皮的小姑娘。

川菜

川菜取材广泛，调味多样，清鲜醇浓并重，尤以麻、辣著称，烹饪以烧、熏、烤为主。代表菜水煮肉片，具有肉嫩菜鲜、麻辣味浓的特点。

粤菜仿佛一位怪侠，出招奇特。

粤菜

粤菜由广府菜、潮汕菜和客家菜三种地方风味组成，它源自中原，又在发展过程中不断吸收其他地区的烹饪精华，逐渐形成如今的饮食特色。代表菜白切鸡，具有皮爽肉滑、鲜嫩可口的特点。

闽菜

闽菜以烹制山珍海味而著称，口感淡爽清鲜。代表菜佛跳墙口感软嫩柔润，荤而不腻。

闽菜如同一风度翩翩的公子。

苏菜

苏菜注重菜品的色泽和造型，口味整体比较甜淡绵柔。代表菜松鼠桂鱼造型精美、外脆里嫩、酸甜可口。

苏菜就像一位温婉、精致的江南水乡女子。

浙菜

浙菜的菜式精巧，口味鲜美滑嫩，比苏菜更加浓郁。代表菜东坡肉油润柔糯、肥而不腻、味美异常。

浙江 东坡肉

浙菜像一个小巧玲珑、机灵可爱的小姑娘。

苏州 松鼠桂鱼

臭鳜鱼

安徽

徽菜就像是一个朴实壮汉，看起来粗犷，内心却十分细腻。

湖南 剁椒鱼头

湘菜

湘菜也是以辣味为主的菜系，但湘菜多用鲜辣椒，且更偏向酸辣。代表菜剁椒鱼头，具有鱼肉细嫩、鲜辣适口的特点。

湘菜就像是一个干练又爽快的邻家大姐姐。

徽菜

徽菜的特点是重火、重盐、重油，整体味道偏浓郁。代表菜臭鳜鱼，具有香鲜透骨、鱼肉酥烂、风味独特等特点。

15

小小吃，大名气

除了大名鼎鼎的八大菜系，中国还有数不清的地方风味小吃，它们也是中国美食不可缺少的一部分。每个地区都有当地的特色美食，它们美味可口，充满烟火气，已经成为当地的一种饮食文化。

咱们这个地方阴雨天太多了，小狗看到天上出现太阳都以为是出现了什么怪物。

蜀犬吠日

吃一碗麻辣烫，暖暖肚子，祛除寒气。

四川麻辣烫
麻辣烫是四川乐山地区的船工发明出来的，在煮沸的老汤中下入菜品，蘸上调料食用，其特点就是麻、辣、烫。

天津"狗不理"包子
"狗不理"包子铺原名"德聚号"。狗不理包子馅大油多、肥而不腻、清香可口。其外形美观，每个包子都不少于15个褶。

对啊，狗都不理的包子能好吃吗？

这家包子店的名字好奇怪啊，居然叫"狗不理"包子。

大家千万别误会，"狗不理"是我的绰号。我的包子可美味啦，欢迎大家品尝。

狗不理

武汉的樱花真美呀！

武汉的樱花也非常有名，每年都有很多人在樱花盛开的季节去武汉吃热干面、赏樱花。

武汉热干面

热干面是武汉人气最高的早餐。面条经过水煮、过冷水和过油等特殊工序，再淋上各种调料做的酱汁，搅拌均匀后汇聚成一碗浓而不腻的风味小吃。

到南京站了。美味实惠的鸭血粉丝汤要不要来一碗？

请问现在到哪一站了？

南京

南京鸭血粉丝汤

鸭血粉丝汤是南京传统小吃，是用粉丝、鸭血、鸭肠、鸭肝配以老鸭汤烧制而成，口味平和、鲜香爽滑。

内蒙古牛肉干

内蒙古大草原盛产牛肉，人们把牛肉进行腌制、晾晒，做成牛肉干，其口感劲道、耐储存，是牧民外出放牧时的干粮。现如今，也成为人们喜爱的小零食。

把这些牛肉干带上，你就不会挨饿了。

重庆酸辣粉

　　酸辣粉是重庆地区广为流传的传统名小吃。其用红薯粉做主料，配上辣椒、黄豆、香醋等，口味麻、辣、鲜、香、酸，且油而不腻。

广西螺蛳粉

　　螺蛳粉是广西壮族自治区柳州市的特色小吃之一，它用柳州特有的米粉加上酸笋、木耳、花生米、黄花菜等配料及浓郁的螺蛳汤水调制而成，口味独特。

这味道太好闻了，闻到口水都流下来了。

什么味道啊？怎么这么难闻啊？

它身上裹着一层黄豆粉，不就像驴在泥土里面打了一个滚儿吗？

我还以为驴打滚是驴肉做的呢，原来里面一点驴肉都没有啊！

北京驴打滚

　　驴打滚是北京知名小吃，以豆沙或红糖为馅、黄米面或糯米粉制皮，口感甜蜜绵软。因其外边裹着一层黄豆粉，看起来就像在黄土堆里打过滚的驴，因此得名"驴打滚"。

陕西腊汁肉夹馍

腊汁肉夹馍是陕西的传统特色食物之一，是由白吉馍和腊汁肉两种食物组成。外层的馍皮薄松脆、内心软绵，内里的肉浓郁醇香、入口即化。两者互为烘托，回味无穷。

> 这屋里实在太热了，我都快受不了了。

> 窗户外头有冻梨，你去洗几个吃，吃完你就不热了。

东北冻梨

冻梨即经过冰冻的梨。将冻梨放进凉水中浸泡，待其化透后即可食用。经过冷冻的梨，冰凉凉又甜滋滋，口感绵密，别样美味。

长沙臭豆腐

臭豆腐是湖南长沙特色小吃，其口感外焦里嫩，香辣咸鲜，是一种"臭名"远扬的小吃，特点是"闻着臭，吃着香"，当地人也称之为"臭干子"。

历史上的名人美食家

中国美食文化历史悠久，出现在这条历史长河里的美食家也多如星辰。有许多才子名人也是美食家，在"吃"的领域里独树一帜。

> 有朋自远方来，不亦乐乎？我今天一定要舍命陪君子。

孟浩然

将生命献给美食的美食家——孟浩然

唐代诗人孟浩然热爱美食。一年夏天，他的背上生了一个大毒疮，医生嘱咐他忌吃鱼鲜类的食物，但他在招待好友时却经不住美食的诱惑吃了鱼，导致毒疮再次发作，不幸去世。

> 孟兄，你的病还没好，就不要吃鲜鱼了，小弟替你代劳了。

乾隆

最爱"逛吃逛吃"的美食家——乾隆

清朝皇帝乾隆曾六次下江南，在视察民情的同时，他尝遍各地美食，并在民间留下很多为菜品赐名的传说。

袁枚

为美食著书立说的美食家——袁枚

清朝著名的诗人、文学家袁枚热爱美食，擅长烹饪。他亲自为美食著书立说，写下《随园食单》一书，该书系统地论述了中国烹饪技术和326种南北菜点，是一部中国饮食名著。

我觉得这个地方非常好啊，这里盛产荔枝，想吃多少有多少。

苏东坡

苏兄，我这次来岭南看你，发现这里又偏远又贫瘠，你在这里可算是受苦了。

美食发明家——苏东坡

苏东坡是北宋时期著名的文学家、美食家，他不仅爱品尝美食，更是"发明"了许多美食。

东坡肉、东坡肘子就是以大诗人苏东坡的名字命名的。

最爱下馆子的美食家 —— 鲁迅

大文学家鲁迅先生热爱美食却不懂烹饪，因此，他只能通过下馆子的方式追求美食。

鲁迅

周先生，您又出来下馆子了？我们店今天出了新的菜品，来尝尝吧！

21

中国古代饮食文化的对外传播

在世界的各个地方，人们都能看到中国美食的身影，能感受到中国饮食文化的影响。那么，中国的烹饪原料、烹饪技法、传统食品、食风食俗等等，又是什么时候传播到世界各地去的呢？

秦朝时期，中国的筷子就被带到了朝鲜半岛，并迅速传播开来。

西汉时期，张骞出使西域，不仅从西域引进了各种物产，也把中原的桃、李、茶叶等物产以及饮食文化传到了西域。

中国的烤肉技术就是通过丝绸之路传到了中亚和西亚。

东汉时期，大将军马援带领官兵南征到达现在的越南一带。后来，很多官兵在越南定居，并将中国端午节吃粽子的习俗带到当地。至今，这些地区还保留着吃粽子的习俗。

公元8世纪中叶，唐朝著名高僧鉴真东渡日本，带去了大量的中国食品，如干薄饼、干蒸饼等糕点，日本将这些糕点称为"果子"，并模仿着做出了很多花样。

造型精美又可口的现代日式点心"和果子"，就是由古代的"果子"演变而来的。

中国广州、福建沿海一带的居民移居泰国，带去了米制品和面类食品，以及炸、炒的烹饪方式，丰富了泰国食品种类和烹调方法。

菲律宾从中国引进了白菜、菠菜、大豆等，进一步丰富了菲律宾人的餐桌。

那些源于中国的"外国美食"

在中国，有很多外国美食因其独特的"异域风情"而深受大家喜爱。事实上，很多我们认为的"外国美食"都是地地道道的"中国货"。

生鱼片

早在周朝时期，中国人就开始吃生鱼片了，称之为"鱼脍"。《礼记》中记载："凡脍，春用葱，秋用芥。"可见古人在食用生鱼片时，还会根据不同的季节搭配不同的配料。

冰激凌

据传，元世祖忽必烈为了保存牛奶，在其中加入冰块，意外地发现牛奶和冰块融合后形成的"奶冰"更加美味。后来，他又在奶冰中加入蜜饯、水果等配料，这就是世界上最早的冰激凌。

13世纪，马可·波罗到访中国，将冰激凌带到了意大利。后来，冰激凌传到法国，法国人对其加以改良制成了现在的冰激凌。

抹茶

抹茶兴起于唐代，宋朝时最为流行，当时被称为"末茶"。传到日本后，被日本发扬光大，并起名为"抹茶"。

用抹茶制成的糕点、饮料都非常鲜美。

真没想到，汉堡包最早是我们中国发明的。

汉堡包

很早以前，蒙古骑兵会把马肉或牛肉装进皮革袋中，放在马鞍下，利用骑马颠簸的力量将肉压成肉糜，而后直接生食。蒙古骑兵到达欧洲后，将这种"烹饪方式"带到了欧洲，并给这种食物起名"汉堡包"，后来逐渐演变成现在汉堡包的模样。

加州牛肉面

"加州牛肉面"是一位生活在加州的华人发明的，也应算是货真价实的中国美食。

大家快来尝一尝加州牛肉面，这是我在美国加州时发明的。

餐桌礼仪知多少

中国自古以来就是礼仪之邦，用餐作为人们生活中的一件大事，自然也有相应的餐桌礼仪。"夫礼之初，始诸饮食。"早在周朝，饮食礼仪就有一套相当完善的制度。

长辈落座后，晚辈才能入席。

剔牙时嘴巴大张不雅观，应用手或餐巾掩住嘴。

入座后，坐姿要端正，双脚放在座位下，不要随意伸来伸去，也不要把手放在邻座的椅背上。

嘴巴里有食物的时候尽量不说话。

筷子不要竖直插进饭菜里。

用餐时要细嚼慢咽，不能狼吞虎咽。

公筷

公匙

应使用公筷、公匙夹菜、舀汤。

中国传统节日美食

中国传统节日是中华文化的重要载体。在每个中国人心中，每一个传统节日都有着独特的意义，人们以特别的方式进行庆祝或纪念，这其中就少不了品尝美食。

饺子

对中国人来说，春节是一年中最重要的节日，饺子则是年夜饭餐桌上必不可少的美食。

饺子取"更岁交子"之意，"交"与"饺"谐音，"子"为"子时"，吃饺子有喜庆团圆、吉祥如意的意思。

年糕

在盛产糯米的南方，年糕是新年的必备美食。年糕谐音"年高"，寓意人们对新一年美好生活的期望。

元宵与汤圆

　　元宵和汤圆都是元宵节的节令食品，有着团圆美满的寓意。这二者虽然相似，但是制法不同。元宵节当天，或吃元宵，或吃汤圆，元宵节才算圆满。

春饼

　　春饼是中国北方一些地区立春时节的食物。春饼是用面粉烙制的薄饼，食用时将自己喜爱的菜品卷入饼中，方便又美味。

青团

　　青团是江南地区清明节的传统美食。青团是将浆麦草或艾草的汁液拌入糯米粉中，再包进豆沙或芝麻等馅料制成。它小巧精致，色彩鲜翠欲滴，口感柔韧软滑。

29

粽子

　　粽子是中国特色传统美食之一，具有悠久的历史。端午食粽的习俗一直保留至今。

　　粽子种类繁多，从馅料来看，北方粽子多以豆沙或小枣为馅料，南方粽子则多以肉、蛋黄等为馅料。这也引发了近些年网络上关于粽子的"甜咸之争"，为端午节增添了别样的趣味。

月饼

　　月饼是中秋节的标志性美食。每年农历的八月十五日，有全家人聚在一起赏明月、吃月饼的习俗。月饼寄托了人们的思乡之情，象征着幸福、团圆。

中 秋

〔唐〕司空图

闲吟秋景外，
万事觉悠悠。
此夜若无月，
一年虚过秋。

九月九日忆山东兄弟

〔唐〕王维

独在异乡为异客，
每逢佳节倍思亲。
遥知兄弟登高处，
遍插茱萸少一人。

重阳糕

在古代，每到重阳节，人们都会登高望远，佩戴茱萸，饮菊花酒，吃重阳糕，祈求吉祥。重阳糕取意"重阳高"，以吃糕代替登高，寓意百事俱高。

到了现代，还有一些地方保留着重阳节吃重阳糕的习惯。

腊八粥

腊八节吃腊八粥的风俗在我国由来已久。每年农历十二月初八这一天，人们会煮上一锅腊八粥，借以感谢一年的风调雨顺，祈求来年丰收有望。腊八粥原料以米豆、果品为主，随着现代生活水平的提高，食材也越来越丰富了。

灶糖

灶糖是祭祀灶王爷的一种供品。古人认为灶王爷负责记录每户人家的行事善恶，并在每年的农历腊月二十三小年这天上报给玉帝。于是人们在这一天供上灶糖，期望灶王爷"吃"了灶糖后能多向玉帝说点好话。